U1021344

融媒体活页式

数学导学教程

（第三册）

主　编　庞烁烁　陈忠东　雷会荣　张树林

苏州大学出版社

图书在版编目(CIP)数据

数学导学教程. 第三册 / 庞烁烁等主编. --苏州：苏州大学出版社，2024.8. -- ISBN 978-7-5672-4888-5

Ⅰ. O13

中国国家版本馆 CIP 数据核字第 20241AC114 号

书　　名：数学导学教程(第三册)

主　　编：庞烁烁　陈忠东　雷会荣　张树林
责任编辑：周建兰
助理编辑：鲍晓铃
封面设计：刘　俊

出版发行：苏州大学出版社(Soochow University Press)
社　　址：苏州市十梓街 1 号　**邮编**：215006
印　　装：苏州市深广印刷有限公司
网　　址：www. sudapress. com
邮　　箱：sdcbs@suda. edu. cn
邮购热线：0512-67480030
销售热线：0512-67481020

开　　本：787 mm×1 092 mm　1/16　**印张**：16. 25　**字数**：275 千
版　　次：2024 年 8 月第 1 版
印　　次：2024 年 8 月第 1 次印刷
书　　号：ISBN 978-7-5672-4888-5
定　　价：49. 00 元

凡购本社图书发现印装错误，请与本社联系调换。服务热线：0512-67481020

前　言

五年制高职数学课程是五年制高等职业教育各专业学生必修的一门公共基础课程，承载着全面贯彻党的教育方针、落实立德树人根本任务和培育新时代德智体美劳全面发展的社会主义建设者和接班人的功能，具有基础性、发展性、应用性和职业性等特点．本书依据《五年制高等职业教育数学课程标准》（以下简称《课程标准》）编写．

本书的主要特色如下：

1．融入思政元素，坚持立德树人，发挥数学课程育人功能．

坚持以习近平新时代中国特色社会主义思想和党的二十大精神为引领，提升五年制高等职业教育教材的思想性、科学性和时代性．本书融入生动的数学故事、我国古代数学史、重大数学事件及国家经济发展数据等，激发文化自信和家国情怀，培养一丝不苟、精益求精的工匠精神，以及刻苦钻研、勇于创新的科学精神．

2．突出基础，聚焦核心素养，整体把握课程教学目标．

本书内容遵循《课程标准》，以数学核心素养为主线，兼顾学生的学业质量评价标准．基于《课程标准》，考虑数学课程的基础性、发展性、应用性和职业性等特点，满足学生获得职业岗位、进一步学习及未来发展的不同需求，根据不同模块的定位，合理安排内容和结构，通过"自主学习""探究任务""典例解析""课后练习"四个层次的有效安排，循序渐进．学生在学习数学和运用数学的过程中，能用马克思主义的立场、观点和方法正确认识问题、分析问题和解决问题，不断提升直观想象、数学抽象、数学运算、逻辑推理、数据分析、数学建模、数学精神等数学学科核心素养和终身可持续发展能力．

3．因材施教，坚持面向全体，合理设计课堂教学活动．

本书注重学生的主体地位，遵循职业教育教学规律和高等职业学校学生的身心发展规律，突出实用性、实践性和职业性．以发展学生数学核心素养为导向，科学设计栏目，图文并茂，突出时代性，兼顾趣味性和易读性．每一小节通过“学习目标”“重点难点”帮助学生明确本节课的知识结构、学习要点;通过“微课导学”“自主学习”实现学生课前有效自学;通过“探究任务”引导学生发现问题、分析问题、解决问题;通过“典例解析”等对重难点进行补充说明,引导学生深刻理解其中的数学思想和数学方法;通过“数学文化”“拓展应用”拓宽学生的知识面,提升学生的文化素养;通过“信息手段”激发学生的学习兴趣,拓宽知识获取渠道,有效提升学生的学习效果.

4. 强化衔接,体现职教特色,提高学生的数学应用能力.

本书打破课堂内外、学科内外、学校内外的界限,引导学生在实际生活中结合专业特点学数学、用数学.既注重与初中知识有机衔接,帮助学生顺利进入初等数学部分的学习,完成学习任务;又考虑到初等数学和高等数学之间在知识、能力方面的内在联系,减少高等数学的学习困难;同时,注重加强与专业课程、岗位职业能力的联系,为学生的专业学习提供必需的数学知识和数学能力,提高学生的数学应用能力.

5. 注重实效,利用信息技术,优化教学内容呈现方式.

结合数学学科特点,创新呈现形式,以纸质书为基础,以内容为核心,以课程空间和平台为支撑,还开发配套在线开放课程、试题库等资源,并通过二维码和资源库等方式,使内容呈现形式更加形象化、立体化、动态化,形成线上线下深度融合、随时随地可学习的新形态立体化教材.

本书内容包括复数及其应用、简单几何体、概率与统计初步、排列组合与二项式定理、坐标轴平移与参数方程.

本套书由江苏省徐州财经高等职业技术学校数学学科创新团队组织编写,于磊担任主审,张峰担任总主编.在本套书的编写过程中,总主编张峰从课程思政方面对本套书的思政元素进行引领指导,江苏省徐州财经高等职业技术学校李国庆副校长参与了研讨和编写工作,以使书稿内容能够进一步贴近生产实际,体现职业性.在编写过程中,江苏省徐州财经高等职业技术学校的刘德群和李小凤老师提供了宝贵的意见和建议,在此表示衷心的感谢!

我们在编写本套书时做了很多新的尝试,力图提供一套有时代特色,方便学生使用的融媒体活页式教材,以引导学生逐步学会“用数学的眼光观察世界,用数学的思维分析世界,用数学的语言表达世界”.

由于编者水平有限,书中难免会有疏漏之处,敬请读者多提宝贵意见,使教材日臻完善.读者意见反馈邮箱:20031817@xzcx.net.cn.

编　者

2024 年 5 月

目 录

第9章 复数及其应用

第10章 简单几何体

第11章 概率与统计初步

第12章 排列组合与二项式定理

第13章 坐标轴平移与参数方程

第9章　复数及其应用

9.1　复数的概念

【学习目标】

1. 了解引进复数的必要性，体会数集从实数集到复数集扩充的基本思想.

2. 理解复数及其相关概念，掌握虚数与纯虚数的概念.

3. 掌握两个复数相等的充要条件，并解决相关问题；了解两个虚数、虚数与实数是不能比较大小的.

4. 理解共轭复数的概念.

【重点难点】

重点：了解数集的扩充过程，理解复数及其相关概念.

难点：复数的概念，虚数单位 i 的理解.

【微课导学】

扫右面的二维码，学习微课"数集的扩充与复数的概念""复数相等与共轭复数".

数集的扩充与复数的概念　　复数相等与共轭复数

【自主学习】

1. i 不是实数,不表示具体的数量,称为__________,$i^2=$__________.

2. 复数 $z=a+bi(a,b\in\mathbf{R})$ 中,a 叫作复数的__________,b 叫作复数的__________.

(1) 当__________时,z 为实数;

(2) 当__________时,z 为虚数;

(3) 当__________时,z 为纯虚数.

3. 两个复数相等的充要条件是__________.

4. 如果两个复数实部__________,而虚部__________,则称这两个复数互为共轭复数.

5. 给出下列复数:$0,1+\sqrt{5},2+3i,-1-i,6i,(3-\sqrt{2})i,i,7$,其中纯虚数为__________.

6. 若 $z=a(1+i)-(2+3i^2)$ 为纯虚数,则实数 $a=$__________.

7. 复数 $-3+5i$ 的共轭复数为__________.

8. 若实数 a,b 满足 $a-3i=(8a-b)i$,则 $a=$________,$b=$__________.

9. 复数 $(1+\sqrt{3})i$ 的实部为 ( )

A. $1+\sqrt{3}$　　B. 1　　C. $\sqrt{3}$　　D. 0

10. 若复数 $z=(m-2)+(m+5)i$ 是纯虚数,则实数 m 的值为 ( )

A. -5　　B. -2　　C. 5　　D. 2

【探究任务】

任务一

阅读材料,回答问题.

材料　方程 $x-3=0$ 在自然数集 $\mathbf{N}$ 上有解,$x=3$;

$x+3=0$ 在自然数集 $\mathbf{N}$ 上无解,引入负整数,把自然数集扩充到整数集,$x+3=0$ 在整数集 $\mathbf{Z}$ 上有解,$x=-3$;

$2x+3=0$ 在整数集 $\mathbf{Z}$ 上无解，引入分数、小数，把整数集扩充到有理数集，$2x+3=0$ 在有理数集 $\mathbf{Q}$ 上有解，$x=-\frac{3}{2}$；

$x^2-3=0$ 在有理数集 $\mathbf{Q}$ 上无解，引入无理数，把有理数集扩充到实数集，$x^2-3=0$ 在实数集 $\mathbf{R}$ 上有解，$x=\pm\sqrt{3}$.

纵观数集从自然数集扩充到实数集的过程，每一次数集的扩充，都是在原来数集的基础上，添加一些新的数实现的. 在新的数集中，原来的运算和运算规律仍然适用，而且解决了有些运算在原来的数集中不能施行的问题. 图 9-1 形象地表示了自然数、整数、有理数和实数之间的关系。

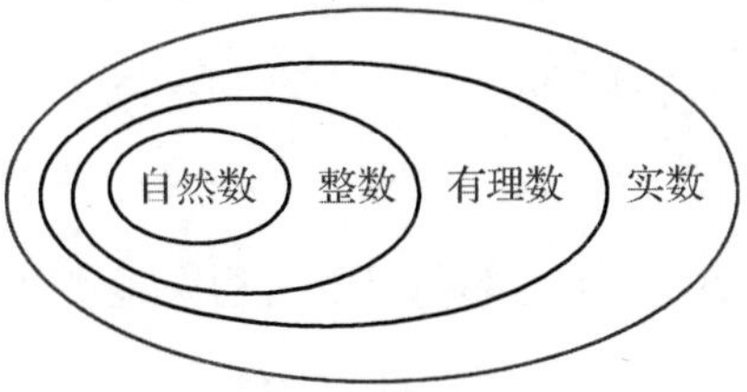

图 9-1

问题　方程 $x^2+1=0$ 在实数集上有解吗？联想到数集从自然数集扩充到实数集的过程，你能否给出一种方法，将实数集扩大，从而使方程 $x^2+1=0$ 在新数集上有解？

任务二

问题　实数（虚部为零的两个复数）之间可以比较大小. 那么虚数之间或虚数与实数之间能否比较大小呢？即 $z_1=a+bi$, $z_2=c+di$, (b,d 不同时为 0)，是否可以比较大小？复数相等的充要条件是什么？

$a+bi=c+di(a,b,c,d\in\mathbf{R})\Leftrightarrow$ ________________.

【典例解析】

例 1　当实数 m 取何值时，复数 $z=(m^2-2m-3)+(m^2+3m+2)i$ 分别是实数、虚数、纯虚数？

解 复数 z 的实部是 m^2-2m-3,虚部是 m^2+3m+2.

当虚部等于 0 时,复数 z 为实数.

由 $m^2+3m+2=0$,得 $m=-2$ 或 $m=-1$,即当 $m=-2$ 或 $m=-1$ 时,复数 $z=(m^2-2m-3)+(m^2+3m+2)\mathrm{i}$ 为实数.

当虚部不等于 0 时,复数 z 为虚数.

由 $m^2+3m+2\neq0$,得 $m\neq-2$ 且 $m\neq-1$,即当 $m\neq-2$ 且 $m\neq-1$ 时,复数 $z=(m^2-2m-3)+(m^2+3m+2)\mathrm{i}$ 为虚数.

当实部等于 0 且虚部不等于 0 时,复数 z 为纯虚数.

由

$$\begin{cases}m^2-2m-3=0,\\m^2+3m+2\neq0,\end{cases}$$

解得

$$\begin{cases}m=3\text{ 或 }m=-1,\\m\neq-2\text{ 且 }m\neq-1,\end{cases}$$

所以当 $m=3$ 时,复数 $z=(m^2-2m-3)+(m^2+3m+2)\mathrm{i}$ 为纯虚数.

备注 明确复数的分类,利用实数、虚数、纯虚数的定义进行判断,正确把握复数的实部和虚部的取值范围.

例 2 求满足下列条件的实数 a 和 b 的值.

(1) $(2a+b)+(a-b)\mathrm{i}=6\mathrm{i}$;

(2) $(a-b+2)+(a+b+1)\mathrm{i}=0$.

解 (1) 根据复数相等的定义,可得方程组

$$\begin{cases}2a+b=0,\\a-b=6,\end{cases}$$

解得 $a=2,b=-4$.

(2) 根据复数相等的定义,可得方程组

$$\begin{cases}a-b+2=0,\\a+b+1=0,\end{cases}$$

解得 $a=-\dfrac{3}{2},b=\dfrac{1}{2}$.

备注 两个复数相等,转化为两个复数的实部相等且虚部相等. 解题思

路为：① 找出复数的实部和虚部；② 列方程组；③ 解方程组.

【课后练习】

1. 复数 $i-3$ 的实部和虚部分别为　　（　　）

A. $i,-3$　　B. $-3,i$　　C. $1,-3$　　D. $-3,1$

2. 若复数 $z=(m^2-1)+(m-1)i$ 为纯虚数，则实数 m 的值为　　（　　）

A. -1　　B. 0　　C. 1　　D. -1 或 1

3. 若复数 $(x-2)+yi$ 与 $3+i(x,y\in\mathbf{R})$ 是共轭复数，则　　（　　）

A. $x=3,y=3$　　B. $x=5,y=1$

C. $x=5,y=-1$　　D. $x=-1,y=-1$

4. 当实数 $a=$ ________ 时，复数 $(a^2-1)+(a^2+3a+2)i$ 为实数零.

5. 若 $z=\sqrt{3}i-1$，则 $\overline{z}=$ ________.

6. 下列各数中，哪些是复数？哪些是实数？哪些是虚数？哪些是纯虚数？

$$\sqrt{5}-i,-4i,6-2\sqrt{5},7,-2+\frac{\sqrt{2}}{2}i,-i,\frac{1+\sqrt{3}}{3}.$$

7. 求满足下列条件的实数 a 和 b 的值.

(1) $(a+2b)+(3a-2b)\mathrm{i}=6-3\mathrm{i}$;

(2) $(2a+3)+(3b-4)\mathrm{i}=0$.

8. 已知复数 $z=\dfrac{m+2}{m-1}+(m^2-1)\mathrm{i}(m\in\mathbf{R})$,当实数 m 分别取何值时,z 是实数、虚数、纯虚数?

【数学文化】

复数的由来

复数的产生和发展是数学史中的奇特一篇，它是从求解方程的实践过程中产生的，“复数”术语由德国数学家高斯首次提出，在这以前它被称为“虚数”或“不可能的数”.

1484 年，法国数学家许凯在《算术三编》中指出二次方程 $4+x^2=3x$ 的根 $x=\frac{3}{2}\pm\sqrt{2\frac{1}{4}-4}$ 没有意义，这是历史上首次形式上出现负数的平方根. 1545 年，意大利数学家卡尔达诺解二次方程时提出“把 10 分为两部分，并与其他数相加减后，使得它们的乘积为 40”的问题，并给出 $5+\sqrt{-15}$ 和 $5-\sqrt{-15}$ 两个虚根. 与卡尔达诺同时代的意大利数学家邦贝利是第一个认真看待虚数并认识到虚数应用价值的人，他在代数中求解不可约三次方程时正确使用了虚数，并建立了虚数运算法则. 1748 年，欧拉首次发现了对复数的发展具有重要作用的欧拉公式 $e^{ix}=\cos x+i\sin x$，并用这个结果处理了大量的问题. 1831 年，高斯第一次发表有关复数几何表示的论文，不仅将复数表示为复平面上一点，而且阐述了复数的几何加法与乘法，把虚数和实数统一了起来. 经过许多数学家的不懈努力，复数终于有了一席之地，使实数集扩充到了复数集.

复数被人们接受的过程艰难曲折，最终确立它在数学中的地位的并不是逻辑，而是其几何解释. 复数被数学界接受不到一个世纪就被用于物理学. 另外，它在电工学、力学、地图学和航天技术等许多领域也得到了广泛的应用.

【拓展应用】

复数是研究电学中交流等理论的主要数学工具. 如图 9-2 所示是一个简单的电路图，E 表示电源，L 表示感抗，C 表示容抗，则电路的电流总阻抗 Z 可以用复数表示为

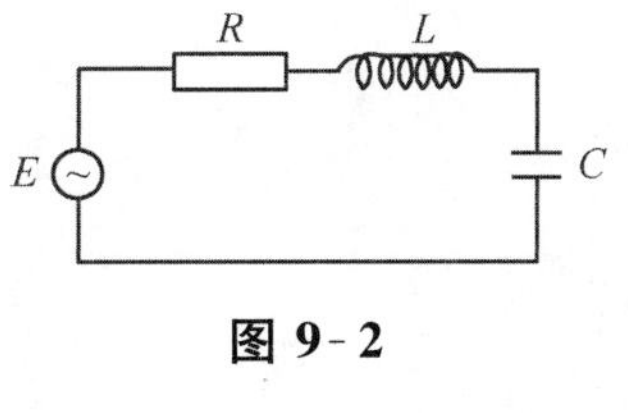

图 9-2

$$Z=R+\mathrm{j}\left(\omega L-\frac{1}{\omega C}\right),$$

其中,j 表示虚数单位 i(在电学中 i 表示电流,为了与之相区分,电学中常用 j 表示虚数单位),ω 为角速度,且有 $\omega=2\pi f$(f 表示频率).

请在如图 9-2 所示的电路中,求电压共振时,频率 f 与感抗 L、容抗 C 之间的关系.

9.2　复数的代数运算

【学习目标】

1. 掌握复数的四则运算法则，能够运用该法则进行复数的四则运算.
2. 理解并掌握虚数单位与实数进行四则运算的规律.
3. 通过复数的四则运算的学习，培养学生数学运算的核心素养.

【重点难点】

重点：复数代数形式的四则运算法则.

难点：复数的乘法、除法运算.

【微课导学】

扫下面的二维码，学习微课“复数的加法与减法”“复数的乘法”“复数的除法”.

复数的加法与减法　　复数的乘法　　复数的除法

【自主学习】

1. 设 $z_1=a+bi$，$z_2=c+di(a,b,c,d\in\mathbf{R})$，则 $z_1+z_2=$ ________，$z_2-z_1=$ ________.

复数的加法结合律：$(z_1+z_2)+z_3=$ ________.

复数的加法交换律：$z_1+z_2=$ ________.

2. 对任意复数 $z_1, z_2, z_3 \in \mathbf{C}$,填写表 9-1.

表 9-1　任意复数的乘法交换律、结合律及乘法对加法的分配律

乘法交换律	$z_1 \cdot z_2 =$ ________________
乘法结合律	$(z_1 \cdot z_2) \cdot z_3 =$ ________________
乘法对加法的分配律	$z_1(z_2 + z_3) =$ ________________

3. 复数 $(3+\mathrm{i})+(4+5\mathrm{i})$ 的实部是　(　　)

A. 4　　B. 9　　C. 6　　D. 7

4. 复数 $z=\mathrm{i}+\mathrm{i}^2+\mathrm{i}^3+\mathrm{i}^4$ 的值是____________.

5. 已知复数 $z=4-\sqrt{3}\mathrm{i}$,计算下列各式的值.

(1) $z+\overline{z}$;　　(2) $z-\overline{z}$.

6. $z_1=2+\mathrm{i}$, $z_2=1+3\mathrm{i}$,求下列各式的值.

(1) $z_1 \cdot z_2$;　　(2) $\dfrac{z_1}{z_2}$.

【探究任务】

任务一

小组合作,探究复数的加法与减法.

观察如下多项式的加法、减法.

$$(2+3x)+(-4+5x)=(2-4)+(3x+5x)=-2+8x;$$

$$(2+3x)-(-4+5x)=[2-(-4)]+(3x-5x)=6-2x.$$

类比多项式加法与减法，尝试定义复数的加法、减法.

设 $z_1=a+b\mathrm{i}$，$z_2=c+d\mathrm{i}(a,b,c,d\in\mathbf{R})$，则

$$\begin{cases}z_1+z_2=(\underline{\qquad\qquad})+(\underline{\qquad\qquad})\mathrm{i};\\ z_1-z_2=(\underline{\qquad\qquad})+(\underline{\qquad\qquad})\mathrm{i}.\end{cases}$$

任务二

小组合作，探究复数的乘法与除法.

1. 试完成如下多项式的乘法.

$(a+bx)(c+dx)=$________________.

设 $z_1=a+b\mathrm{i}$，$z_2=c+d\mathrm{i}(a,b,c,d\in\mathbf{R})$，则类比多项式乘法，得复数乘法：

$z_1\cdot z_2=(a+b\mathrm{i})(c+d\mathrm{i})=$________________________.

2. 试完成如下根式的除法.

$\dfrac{1+\sqrt{2}}{1-\sqrt{3}}=$__________________.

类比根式除法，得复数除法：

$\dfrac{a+b\mathrm{i}}{c+d\mathrm{i}}=\dfrac{(a+b\mathrm{i})(c-d\mathrm{i})}{(c+d\mathrm{i})(c-d\mathrm{i})}=$________________________.

任务三

小组合作，探究虚数单位 i 的乘方的规律，并填入表 9-2 中.

表 9-2　i 的乘方的规律

n	1	2	3	4	5	6	7	8	9	…
$\mathrm{i}^n(n\in\mathbf{N}_+)$										

结论　(1) $\mathrm{i}^{4n}=$____________，$\mathrm{i}^{4n+1}=$____________，$\mathrm{i}^{4n+2}=$____________，$\mathrm{i}^{4n+3}=$____________，$n\in\mathbf{N}_+$；

(2) $\mathrm{i}^{4n}+\mathrm{i}^{4n+1}+\mathrm{i}^{4n+2}+\mathrm{i}^{4n+3}=$____________.

【典例解析】

例 1　计算 $1+\mathrm{i}+\mathrm{i}^2+\cdots+\mathrm{i}^{2\,024}$.

解　根据等比数列的求和公式，得

$$1+i+i^2+\cdots+i^{2\,024}=\frac{1\cdot(1-i^{2\,025})}{1-i}=\frac{1-i^{4\times506+1}}{1-i}=\frac{1-i}{1-i}=1.$$

备注 本题掌握 $i^{4n}=1$,$i^{4n+1}=i$,$i^{4n+2}=-1$,$i^{4n+3}=-i$ 是关键.

例 2 已知复数 $z=\frac{2-i}{1+i}$,其中 i 是虚数单位,求 z 的虚部.

解 根据复数的除法法则,得

$$z=\frac{2-i}{1+i}=\frac{(2-i)(1-i)}{(1+i)(1-i)}=\frac{2-2i-i+i^2}{1-i^2}=\frac{1-3i}{2}=\frac{1}{2}-\frac{3}{2}i.$$

所以 z 的虚部为 $-\frac{3}{2}$.

备注 复数除法运算的关键是分母实数化(分子、分母同时乘以分母的共轭复数).

【课后练习】

1. $(1-i)i=$ ( )

A. $-1-i$　　B. $1-i$　　C. $-1+i$　　D. $1+i$

2. $(5+\sqrt{3}i)(5-\sqrt{3}i)=$ ( )

A. -28　　B. 28　　C. -22　　D. 22

3. 若复数 $z=1+i$,则 $(1+z)\cdot\overline{z}=$ ( )

A. $3-i$　　B. $3+i$　　C. $1+3i$　　D. 3

4. 若将复数 $\frac{1+i}{1-i}$ 表示为 $a+bi$($a,b\in\mathbf{R}$,i 是虚数单位)的形式,则 $a+b=$ ________.

5. 若复数 $z_1=2-i$,$z_2=1-3i$,则复数 $\frac{i}{z_1}+\frac{z_2}{5}$ 的虚部等于________.

6. 计算:

(1) $(4+3i)+(2-i)$;　　(2) $(2-3i)(3-2i)$.

7. 已知复数 $z=2-\sqrt{3}\mathrm{i}$，计算：

(1) $z+\overline{z}$；　　　　(2) $z-\overline{z}$.

8. 计算：

(1) $(-2-4\mathrm{i})-(-2-\mathrm{i})+(3+\mathrm{i})$；

(2) $(1-2\mathrm{i})(3+4\mathrm{i})$；

(3) $(1+\mathrm{i})^4$；

(4) $\dfrac{(1-\mathrm{i})^2}{1-\sqrt{3}\mathrm{i}}$.

【数学文化】

对于一个数集，如果其中任意两个数在进行一种运算后，结果仍在这个数集中，那么我们说这个数集对于这种运算是封闭的. 复数对加法、减法、乘法、除法(除数不为0)封闭，即四则运算封闭性是复数的一个性质.

数集的扩充不仅仅是增加一种新的数，它还涉及数的运算. 因此，数集的扩充还需保留原来的基本运算，就是要向前“兼容”. 具体来讲，扩充后的数集对加、减、乘、除、乘方和开方的运算律应得到继承，满足对加法、乘法的交换律和结合律以及乘法对加法的分配律.

复数的引入,体现了数集扩充的必要性及现实意义.数集的扩充是在人类认识和运用数的历史发展过程中逐步形成的.数集扩充后运算的封闭性体现了规定的合理性.

【拓展应用】

交流电阻的计算

图 9-3

在交流电路中,电压和电流是不断变化的,计算交流电路中的电阻(图 9-3)使用复数欧姆定律.复数欧姆定律为 $U=IS$,其中 U 是电压,I 是电流,S 是复数电阻.在实际电路中,电阻通常是一个复数值.交流电阻的计算还可以使用另一种公式,即阻抗.阻抗(Z)是电压和电流之间的比率,可以表示为 $Z=U/I$.在交流电路中,阻抗是一个复数值,在实际应用中,交流电阻计算是一个非常重要的概念.例如,在交流电路中,我们可以使用电阻来计算电抗、电容和电感等元件的值,这些元件的值对于设计和分析电路至关重要.此外,在信号处理、通信和控制等领域,交流电阻计算也有重要的应用.

9.3　复数的几何意义及三角形式

【学习目标】

1. 理解复数的几何意义，了解复数与复平面内点的一一对应关系，体会通过图形来讨论复数问题是数形结合这一重要的思想方法的体现.

2. 知道实轴、虚轴上及各象限内的点所对应的复数的特征，掌握复数的模、辐角的概念及其计算公式.

3. 掌握复数三角形式的乘、除运算，会进行复数的代数形式与三角形式之间的互化.

【重点难点】

重点：复数的几何意义，复数的模、辐角及辐角主值，复数的三角形式的运算.

难点：复数的辐角主值，复数的代数形式和三角形式之间的互化.

【微课导学】

扫下面的二维码，学习微课“复数的几何意义”“复数的模与辐角”“复数的三角形式”.

复数的几何意义　　复数的模与辐角　　复数的三角形式

【自主学习】

1. 以横轴和纵轴（原点 O 除外）分别为实轴和虚轴的平面直角坐标系叫

作____________.

2. 若复数 $z=a+b\mathrm{i}(a,b\in\mathbf{R})$，则复数 z 的模 $|z|=$____________. 复数 z 的辐角主值范围是____________.

3. 一般地，把__________称为复数的三角形式. 相应地，把__________称为复数的代数形式.

4. 复数 $z=2-\mathrm{i}$ 在复平面内对应的点位于 （　　）

A. 第一象限　　B. 第二象限　　C. 第三象限　　D. 第四象限

5. 在复平面内，复数 z 对应的点的坐标是(1,2)，则 $\mathrm{i}\cdot z=$ （　　）

A. $1+2\mathrm{i}$　　B. $-2+\mathrm{i}$　　C. $1-2\mathrm{i}$　　D. $-2-\mathrm{i}$

6. 复数 $2(\cos60^\circ+\mathrm{i}\sin60^\circ)$ 的模和辐角主值分别是 （　　）

A. $2,30^\circ$　　B. $-2,45^\circ$　　C. $2,60^\circ$　　D. $-2,90^\circ$

7. 将下列复数的三角形式化为代数形式：

(1) $z_1=3\left(\cos\frac{2\pi}{3}+\mathrm{i}\sin\frac{2\pi}{3}\right)$；　　(2) $z_2=5\left[\cos\left(-\frac{\pi}{2}\right)+\mathrm{i}\sin\left(-\frac{\pi}{2}\right)\right]$.

【探究任务】

任务一

材料　瑞士数学家阿甘特于 1806 年公布了复数的几何表示法，即所有实数能用一条数轴表示，同样，复数也能用一个平面上的点来表示. 像这样，每个点都对应一个复数的平面叫作“复平面”，后来又称“阿甘特图”(图 9-4). 后来，高斯发现复数也可以用向量表示，并利用复数与向量之间一一对应的关

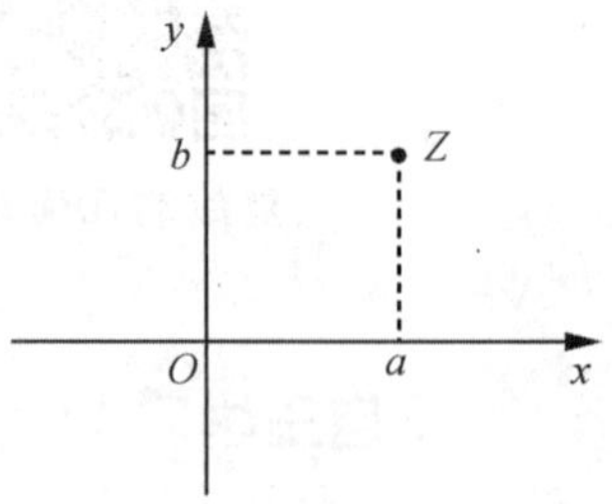

图 9-4

系，阐述了复数的几何表示.

问题 1　复数 $z=a+b\mathrm{i}(a,b\in\mathbf{R})$ 与点 $Z(a,b)$ 是一一对应的吗？复数 $z=a+b\mathrm{i}(a,b\in\mathbf{R})$ 与向量 $\overrightarrow{OZ}$ 是一一对应的吗？

问题 2　复数 $z=a+b\mathrm{i}(a,b\in\mathbf{R})$、点 $Z(a,b)$ 和向量 $\overrightarrow{OZ}$ 三者之间有什么关系？尝试用图示(图 9-5)表示它们之间的关系.

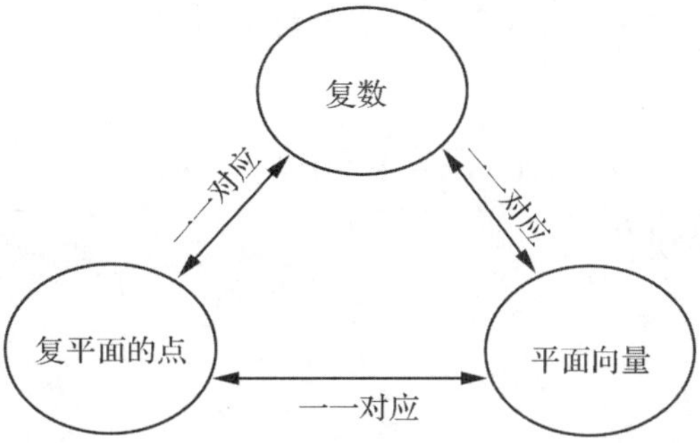

图 9-5

问题 3　实数、纯虚数对应的点处于复平面内的什么位置？

任务二

小组合作，探究复数的模与辐角如何表示.

如图 9-6 所示，复数 $z=a+b\mathrm{i}(a,b\in\mathbf{R})$ 与平面向量 $\overrightarrow{OZ}$ 一一对应.

问题 1　如何表示向量 $\overrightarrow{OZ}$ 的大小和方向？

问题 2　是否可以用向量 $\overrightarrow{OZ}$ 的模来表示复数 $z=a+b\mathrm{i}(a,b\in\mathbf{R})$ 的模？

问题 3　如何利用向量 $\overrightarrow{OZ}$ 的方向描述复数的辐角？

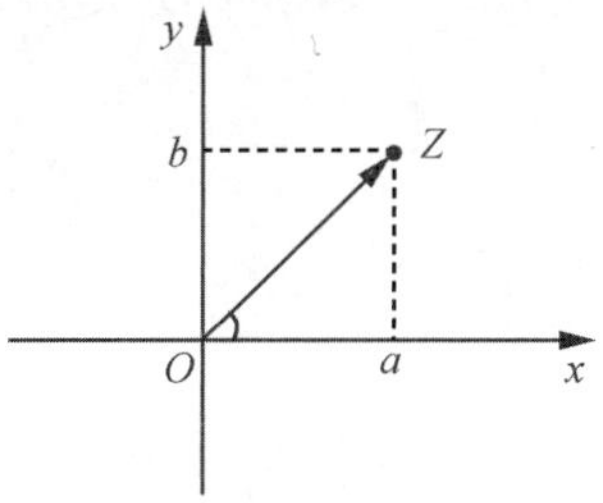

图 9-6

任务三

小组合作,探究复数的三角形式.

如图 9-7 所示,复数 $z=a+b\mathrm{i}(a,b\in\mathbf{R})$ 的模为 r,辐角为 θ,思考如何用 r,θ 表示复数.

问题 1 如何用 r,θ 表示复数 z 的实部 a 和虚部 b 呢?

问题 2 将复数 $z=a+b\mathrm{i}(a,b\in\mathbf{R})$ 中的 a 和 b 用 r,θ 表示后,你会发现什么?

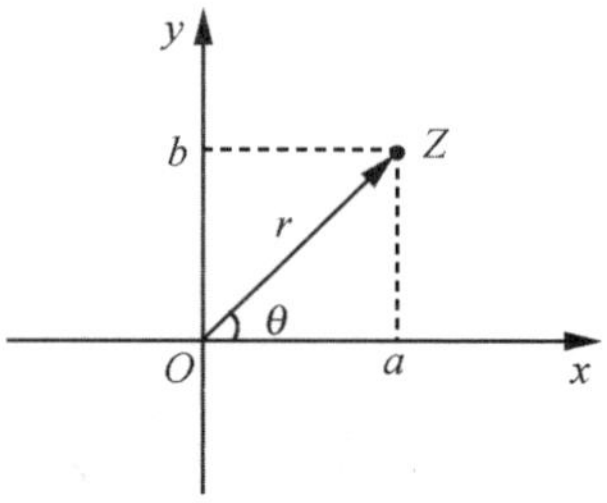

图 9-7

【典例解析】

例 1 已知复数 $z=(m^2-2m-8)+(\log_2 m-1)\mathrm{i}$ 所表示的点在第二象限,求实数 m 的取值范围.

解 由题可知,复数 $z=(m^2-2m-8)+(\log_2 m-1)\mathrm{i}$ 所表示的点的坐标为$(m^2-2m-8,\log_2 m-1)$,则

$$\begin{cases} m^2-2m-8<0, \\ \log_2 m-1>0, \end{cases}$$

解得

$$\begin{cases} -2<m<4, \\ m>2. \end{cases}$$

故 $2<m<4$, 实数 m 的取值范围是$(2,4)$.

备注 掌握复数的几何表示是解题的关键.

例 2 已知复数 $z-1$ 的辐角主值为$-\dfrac{\pi}{3}$且$|z-1|=2$.

（1）求复数 z；

（2）若 z 是实系数一元二次方程 $x^2+px+q=0$ 的一个根，且 $z_1=q-pi$，求复数 z_1.

解　（1）由题意，知

$$z-1=2\left[\cos\left(-\frac{\pi}{3}\right)+i\sin\left(-\frac{\pi}{3}\right)\right]=1-\sqrt{3}i,$$

故 $z=2-\sqrt{3}i$.

（2）由题意知，实系数一元二次方程 $x^2+px+q=0$ 的另一个根为 $\overline{z}=2+\sqrt{3}i$，由韦达定理，可得

$$\begin{cases}z+\overline{z}=(2-\sqrt{3}i)+(2+\sqrt{3}i)=-p,\\ z\cdot\overline{z}=(2-\sqrt{3}i)\cdot(2+\sqrt{3}i)=q.\end{cases}$$

解得 $p=-4,q=7$，故复数 $z_1=7+4i$.

备注　掌握复数的三角形式是解题的关键.

【课后练习】

1. 给出复平面内以下各点 $A(3,1)$，$B(-2,0)$，$C(0,4)$，$D(0,0)$，$E(-1,-5)$，则这些点中对应复数为虚数的点的个数是　（　　）

A. 1　　B. 2　　C. 3　　D. 4

2. 已知复数 z 满足 $z=\frac{2}{1-i}$，则 z 的共轭复数 $\overline{z}$ 在复平面内对应的点位于　（　　）

A. 第一象限　　B. 第二象限　　C. 第三象限　　D. 第四象限

3. 在复平面内，复数 $6+5i$，$-2+3i$ 对应的点分别为 A，B. 若点 C 为线段 AB 的中点，则点 C 对应的复数是　（　　）

A. $4+8i$　　B. $8+2i$　　C. $2+4i$　　D. $4+i$

4. 已知复数 $z=(x-1)+(2x-1)i$ 的模小于 $\sqrt{10}$，则实数 x 的取值范围是________.

5. 在复平面内，复数 $-3+i$ 和 $1-i$ 对应的点间的距离为________.

6. 在复平面内画出复数 $z_1=\frac{1}{2}+\frac{\sqrt{3}}{2}i$，$z_2=-1$，$z_3=\frac{1}{2}-\frac{\sqrt{3}}{2}i$ 对应的向量

$\overrightarrow{OZ_1}$,$\overrightarrow{OZ_2}$,$\overrightarrow{OZ_3}$,并求出各复数的模,同时判断各复数对应的点在复平面上的位置关系.

7. 若复数 z 满足 $|z-2|=|z+2i|$,则 z 在复平面内对应的点组成的集合表示什么图形?

8. 已知复数 z 满足 $z+|\overline{z}|=8+4i$.

(1) 求复数 z;

(2) 求复数 $z+1$ 的三角形式.

【信息手段】

下面介绍利用 GeoGebra 数学应用软件处理复数的运算的方法.

复数的运算

一、加法

案例 1 已知复数 $z_1=2+i$,$z_2=4-3i$,求 $z_3=z_1+z_2$.

步骤 在输入栏中输入"z3 = z1 + z2",再按〈Enter〉键,即可得到复数

$z_3=6-2i$.(图 9-8)

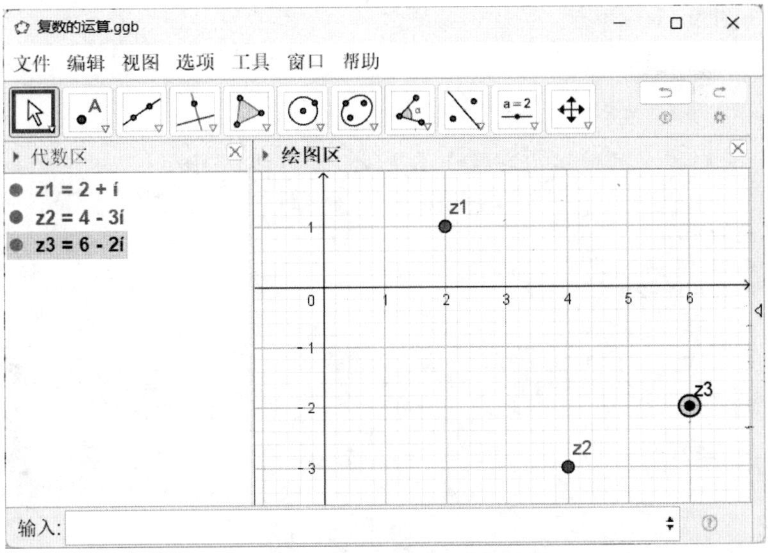

图 9-8

二、减法

案例 2　已知复数 $z_1=2+i$,$z_2=4-3i$,求 $z_4=z_1-z_2$.

步骤　在输入栏中输入"z4 = z1 − z2",再按〈Enter〉键,即可得到复数 $z_4=-2+4i$.(图 9-9)

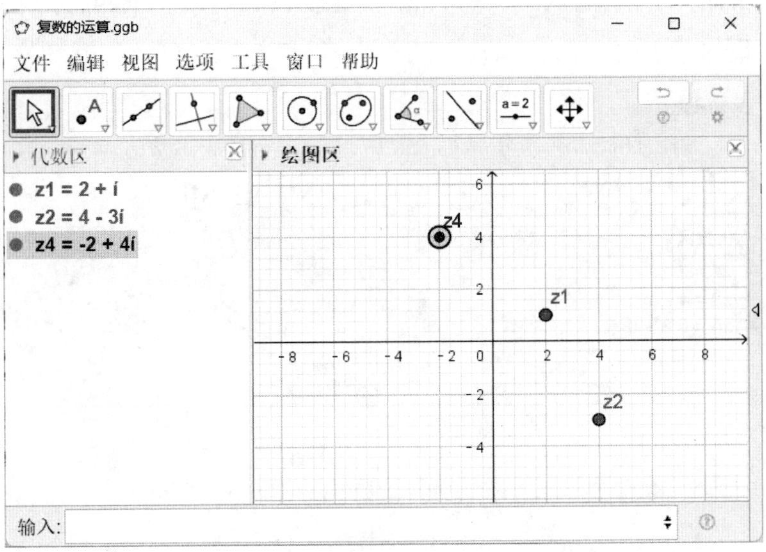

图 9-9

三、乘法

案例 3　已知复数 $z_1=2+i$,$z_2=4-3i$,求 $z_5=z_1\cdot z_2$.

步骤 在输入栏中输入“z5＝z1 * z2”，再按〈Enter〉键，即可得到复数 $z_5=11-2i$.(图 9-10)

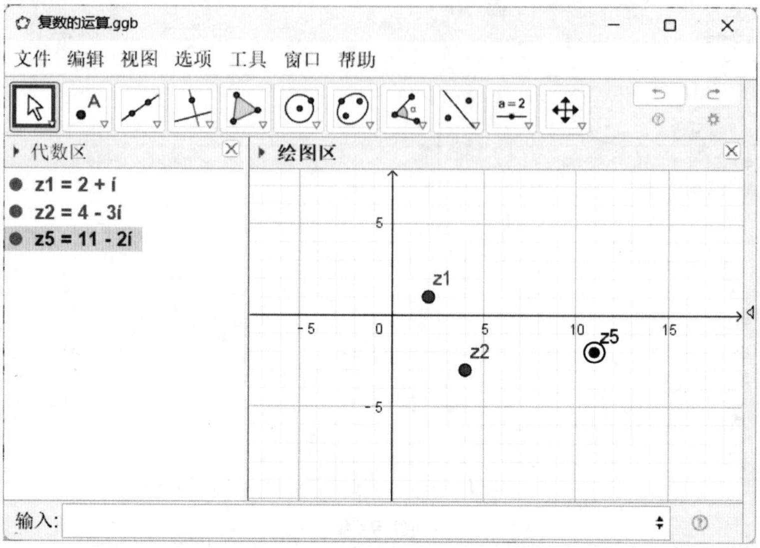

图 9-10

四、除法

案例 4 已知复数 $z_1=2+i, z_2=4-3i$，求 $z_6=\frac{z_1}{z_2}$.

步骤 在输入栏中输入“z6＝z1/z2”，再按〈Enter〉键，即可得到复数 $z_6=0.2+0.4i$.(图 9-11)

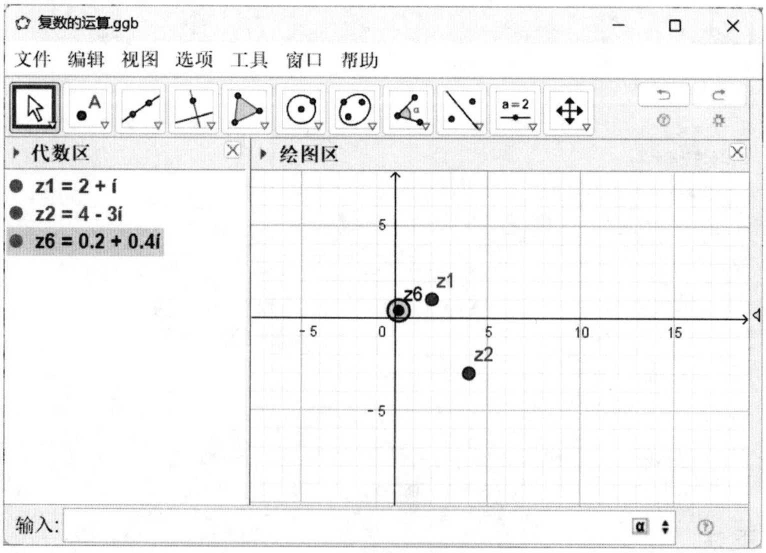

图 9-11

五、乘方

案例 5　已知复数 $z_1=2+i$，求 $z_7={z_1}^3$.

步骤　在输入栏中输入“$z7=z1^3$”，再按〈Enter〉键，即可得到复数 $z_7=2+11i$.（图 9-12）

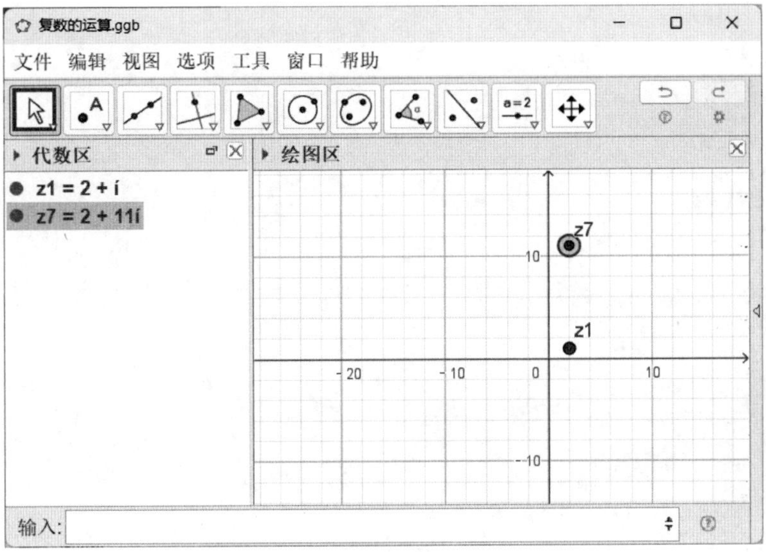

图 9-12

六、辐角

案例 6　已知复数 $z_2=4-3i$，求复数 z_2 的辐角.

步骤　在输入栏中输入函数“arg[z2]”，再按〈Enter〉键，即可得到复数 z_2 的辐角 $\alpha=-36.87°$.（图 9-13）

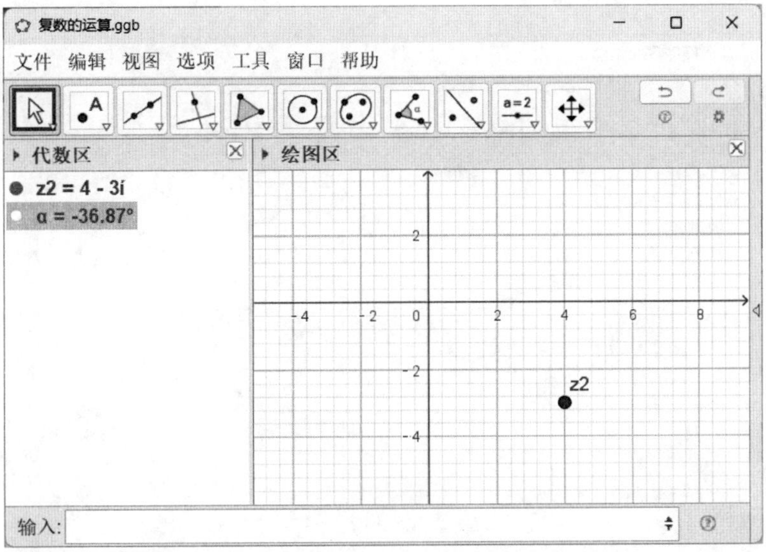

图 9-13

复数的模

案例7 已知复数 $z_2=4-3i$,求 z_2 的模.

步骤 在输入栏中输入"长度[z2]"或"r=abs(z2)",再按〈Enter〉键,即可得到复数的模 $r=5$.(图9-14)

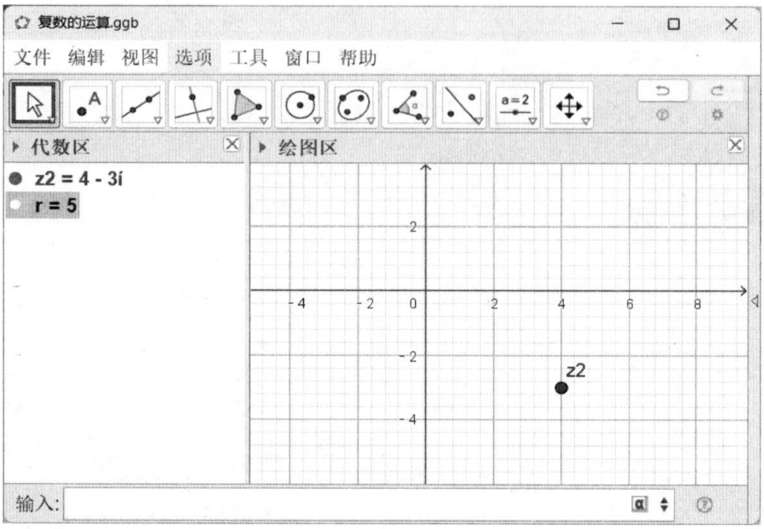

图9-14

复数的实部与虚部

案例8 已知复数 $z_1=2+i$,求 z_1 的实部和虚部.

步骤 在输入栏中输入"a=x(z1)",再按〈Enter〉键,即可得到复数 z_1 的实部;在输入栏中输入"b=y(z1)",再按〈Enter〉键,即可得到复数 z_1 的虚部.(图9-15)

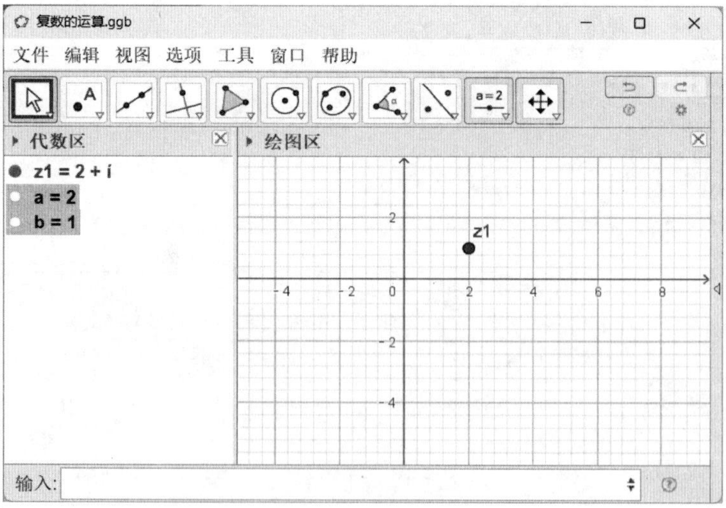

图9-15

共轭复数

案例 9　已知复数 $z_1=2+i$，求 z_1 的共轭复数.

步骤　在输入栏中输入“对称[z1，x 轴]”，再按〈Enter〉键，即可得到复数 z_1 的共轭复数.（图 9-16）

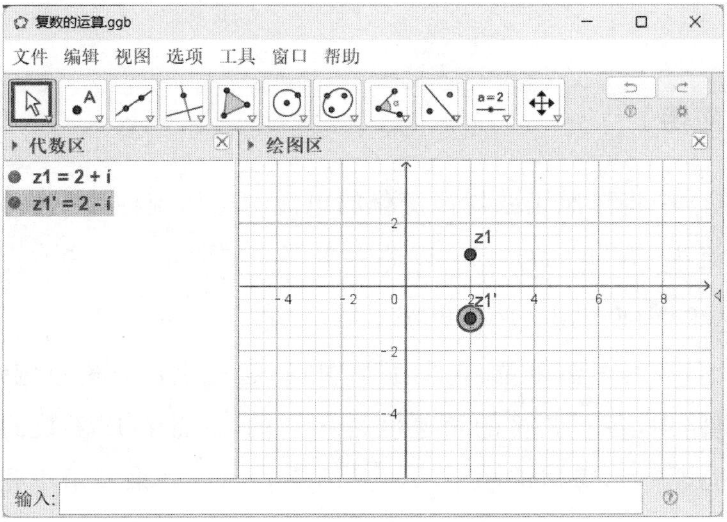

图 9-16

【数学文化】

复数的几何表示

图 9-17

许多数学家希望找到复数的几何表示，特别是像实数那样在数轴上找到点与之对应. 第一个作出这种努力的数学家是英国数学家沃利斯（图 9-17）. 虽然他并没有解决这一问题，但他确实在这方面付出了努力. 真正解决了复数几何表示的数学家首先应是丹麦数学家、测绘员韦塞尔，他向丹麦科学院递交了题为《关于方向的分析表示：一个尝试》的论文，在坐标平面上引进了实轴与虚轴，从而建立了复数的几何表示. 韦塞尔发现，所有复数 $a+bi$ 都可以用平面上的点来表示，而且复数 $a+bi$ 与平面上的点一一对应，后来把这个平面称为复平面.

复平面的引入极大地丰富了我们对复数的理解. 它不仅为复数提供了一种直观的视觉表示,还使复数的运算(如加法和乘法)变得更为直观. 在复平面上,加法可以通过向量的直接相加来进行,而乘法则涉及向量长度的乘积和角度的加和.

【拓展应用】

材料 电学中将按照正弦规律变化的电流与电压统称为正弦量.

例如,电流 $I=I_{\mathrm{m}}\sin(\omega t+\varphi)$, 以此为虚部的复数是

$$I_{\mathrm{m}}\cos(\omega t+\varphi)+\mathrm{j}I_{\mathrm{m}}\sin(\omega t+\varphi)=I_{\mathrm{m}}\mathrm{e}^{\mathrm{j}(\omega t+\varphi)}=\mathrm{e}^{\mathrm{j}\omega t}\cdot\mathrm{e}^{\mathrm{j}\varphi}.$$

式中 $\mathrm{j}=\sqrt{-1}$为虚数单位. 在电工学中,约定一个正弦量对应一个复数. 在正弦交流电路中,各正弦量的角速度是相同的,因此在用复数的指数形式表示正弦量的式子时,可以略去 $\mathrm{e}^{\mathrm{j}\omega t}$,而只用 $I_{\mathrm{m}}\mathrm{e}^{\mathrm{j}\varphi}$、$U_{\mathrm{m}}\mathrm{e}^{\mathrm{j}\varphi}$来表示正弦交流电的电流 i、电压 u. 正弦量的最大值对应复数的模,正弦量的初相位对应复数的辐角主值. 这种用复数表示的正弦量称为相量. 为了加以区别,表示相量时,在表示相量的大写字母上面加"· ". 例如

电流的相量 $\dot{I}=I_{\mathrm{m}}\mathrm{e}^{\mathrm{j}\varphi}=I_{\mathrm{m}}\angle\varphi=I_{\mathrm{m}}(\cos\varphi+\mathrm{j}\sin\varphi)$,

电压的相量 $\dot{U}=U_{\mathrm{m}}\mathrm{e}^{\mathrm{j}\varphi}=U_{\mathrm{m}}\angle\varphi=U_{\mathrm{m}}(\cos\varphi+\mathrm{j}\sin\varphi)$.

问题 在并联电路中,各支路电流分别为 $i_1=60\sin\left(26t+\frac{3\pi}{4}\right)$, $i_2=20\sin\left(26t-\frac{\pi}{4}\right)$,求总电流 I.

9.4　棣莫弗定理及欧拉公式

【学习目标】

1. 理解复数三角形式的乘除法运算法则，熟练掌握复数三角形式的乘除法运算.

2. 掌握棣莫弗定理，能用棣莫弗定理计算复数的 n 次幂，其中，$n\in \mathbf{N}_{+}$.

3. 掌握欧拉公式，了解复数的指数形式，会进行复数的代数形式、三角形式和指数形式之间的互化，能进行复数的指数形式的乘法、除法和乘方运算.

【重点难点】

重点：复数三角形式的乘除法运算公式、棣莫弗定理和欧拉公式.

难点：复数的代数形式、三角形式和指数形式之间的互化.

【微课导学】

扫下面的二维码，学习微课“复数三角形式的乘除法”“棣莫弗定理”“欧拉公式”.

复数三角形式的乘除法　　棣莫弗定理　　欧拉公式

【自主学习】

1. 复数 $e^{i\pi}$ 的模和辐角分别是　　(　　)

A. e，π　　B. i，π　　C. 1，π　　D. −e，π

2. $\sqrt{2}\left(\cos\frac{\pi}{2}+i\sin\frac{\pi}{2}\right)\cdot\left(\cos\frac{\pi}{4}+i\sin\frac{\pi}{4}\right)=$ ( )

A. $1+i$　　B. $-1+i$　　C. $1-i$　　D. $-1-i$

3. 一个复数的 n 次幂的模等于原复数模的________,辐角等于原复数辐角的________.

4. 复数的三角形式是 $z=\cos\pi+i\sin\pi$,其指数形式是________.

5. 复数 $e^{-i\pi}$的代数形式是________.

6. 计算:$e^{i\pi}+1=$ ________.

7. 已知复数 $z=\cos60°+i\sin60°$,计算:

(1) z^3;　　(2) z^6;　　(3) z^{100}.

【探究任务】

任务一

小组讨论,探究复数的乘法运算.

设复数 $z_1=2\left(\cos\frac{\pi}{12}+i\sin\frac{\pi}{12}\right)$, $z_2=4\left(\cos\frac{5\pi}{12}+i\sin\frac{5\pi}{12}\right)$,则 $z_1\cdot z_2$ 等于多少?

方法一　先化为代数形式,再求乘积.(借助科学计算器)

方法二　用三角函数的相关公式运算.（借助两角和与差的正、余弦公式）

两角和与差的正、余弦公式：

$$\cos(\alpha-\beta)=\cos\alpha\cos\beta+\sin\alpha\sin\beta;$$

$$\cos(\alpha+\beta)=\cos\alpha\cos\beta-\sin\alpha\sin\beta;$$

$$\sin(\alpha+\beta)=\sin\alpha\cos\beta+\cos\alpha\sin\beta;$$

$$\sin(\alpha-\beta)=\sin\alpha\cos\beta-\cos\alpha\sin\beta.$$

问题　比较两种方法的优缺点.

任务二

探究复数的三角形式的乘、除法公式.

1. 一般地，设复数 $z_1=r_1(\cos\theta_1+\mathrm{i}\sin\theta_1)$，$z_2=r_2(\cos\theta_2+\mathrm{i}\sin\theta_2)$，则

$$z_1\cdot z_2=r_1(\cos\theta_1+\mathrm{i}\sin\theta_1)\cdot r_2(\cos\theta_2+\mathrm{i}\sin\theta_2),$$

多项式展开，得

$$z_1\cdot z_2=r_1r_2(\cos\theta_1\cdot\cos\theta_2+\cos\theta_1\cdot \mathrm{i}\sin\theta_2+\mathrm{i}\sin\theta_1\cdot\cos\theta_2+\mathrm{i}\sin\theta_1\cdot \mathrm{i}\sin\theta_2),$$

合并同类项，得

$$z_1\cdot z_2=r_1r_2[(\cos\theta_1\cdot\cos\theta_2-\sin\theta_1\cdot\sin\theta_2)+\mathrm{i}(\sin\theta_1\cdot\cos\theta_2+\cos\theta_1\cdot\sin\theta_2)],$$

根据两角和与差的正、余弦公式

$$\cos(\alpha+\beta)=\cos\alpha\cos\beta-\sin\alpha\sin\beta,$$

$$\sin(\alpha+\beta)=\sin\alpha\cos\beta+\cos\alpha\sin\beta,$$

有

$$z_1\cdot z_2=\underline{\qquad\qquad\qquad\qquad\qquad\qquad}.$$

结论　复数积的模等于模的____________，复数积的辐角等于辐角的

________________.

2. 一般地,设复数 $z_1=r_1(\cos\theta_1+i\sin\theta_1)$, $z_2=r_2(\cos\theta_2+i\sin\theta_2)$,则

$$\frac{z_1}{z_2}=\frac{r_1(\cos\theta_1+i\sin\theta_1)}{r_2(\cos\theta_2+i\sin\theta_2)},$$

分母实数化,得

$$\frac{z_1}{z_2}=\frac{r_1(\cos\theta_1+i\sin\theta_1)(\cos\theta_2-i\sin\theta_2)}{r_2(\cos\theta_2+i\sin\theta_2)(\cos\theta_2-i\sin\theta_2)},$$

多项式展开,得

$$\frac{z_1}{z_2}=\frac{r_1}{r_2}\frac{\cos\theta_1\cdot\cos\theta_2-\cos\theta_1\cdot i\sin\theta_2+i\sin\theta_1\cdot\cos\theta_2-i\sin\theta_1\cdot i\sin\theta_2}{\cos{\theta_2}^2+\sin{\theta_2}^2},$$

合并同类项,得

$$\frac{z_1}{z_2}=\frac{r_1}{r_2}[(\cos\theta_1\cdot\cos\theta_2+\sin\theta_1\cdot\sin\theta_2)+i(\sin\theta_1\cdot\cos\theta_2-\cos\theta_1\cdot\sin\theta_2)],$$

根据两角和与差的正、余弦公式

$$\cos(\alpha-\beta)=\cos\alpha\cos\beta+\sin\alpha\sin\beta,$$

$$\sin(\alpha-\beta)=\sin\alpha\cos\beta-\cos\alpha\sin\beta,$$

有

$$\frac{z_1}{z_2}=\underline{\qquad\qquad\qquad\qquad\qquad}.$$

结论 复数商的模等于模的____________,复数商的辐角等于辐角的____________.

任务三

探究复数的棣莫弗定理.

计算

$[r(\cos\theta+i\sin\theta)]^2=$________________________,

$[r(\cos\theta+i\sin\theta)]^3=$________________________.

你发现了什么规律?

结论　一般地，$[r(\cos\theta+\mathrm{i}\sin\theta)]^n=$__________________________.

因此，可以得出结论，一个复数的 n 次幂的模等于原复数模的________次幂，辐角等于原复数辐角的__________倍. 这个结论称为棣莫弗定理.

任务四

阅读材料，回答下列问题.

材料　欧拉公式 $\cos\theta+\mathrm{i}\sin\theta=\mathrm{e}^{\mathrm{i}\theta}$是由数学家欧拉在 18 世纪提出的，它是把复指数函数与三角函数联系起来的一个公式，e 是自然对数的底，i 是虚数单位. 欧拉公式将指数函数的定义域扩大到复数，建立了三角函数和指数函数的关系，它不仅出现在数学分析里，而且在复变函数论里也占有非常重要的地位，更被誉为“数学中的天桥”.

问题 1　根据欧拉公式，任何一个复数都可以表示成指数形式.

$$\begin{aligned} z &= a+b\mathrm{i} \\ &= r(\cos\theta+\mathrm{i}\sin\theta) \\ &= \underline{\qquad\qquad\qquad}. \end{aligned}$$

问题 2　查阅资料，尝试总结复数的代数形式、几何形式、三角形式和指数形式的优势和适用情况.

【典例解析】

例 1 计算：

(1) $\left[4\left(\cos\frac{\pi}{6}+\mathrm{i}\sin\frac{\pi}{6}\right)\right]^{1\,012}\cdot\left[\frac{1}{2}\left(\cos\frac{\pi}{12}+\mathrm{i}\sin\frac{\pi}{12}\right)\right]^{2\,024}$；

(2) $(1+\sqrt{3}\mathrm{i})^{1\,200}$.

解 (1) 原式 $=2^{2\,024}\left(\cos\frac{\pi}{6}+\mathrm{i}\sin\frac{\pi}{6}\right)^{1\,012}\cdot\left(\frac{1}{2}\right)^{2\,024}\left(\cos\frac{\pi}{6}+\mathrm{i}\sin\frac{\pi}{6}\right)^{1\,012}$

$$=\left(\cos\frac{\pi}{6}+\mathrm{i}\sin\frac{\pi}{6}\right)^{1\,012}\cdot\left(\cos\frac{\pi}{6}+\mathrm{i}\sin\frac{\pi}{6}\right)^{1\,012}$$

$$=\left(\cos\frac{\pi}{6}+\mathrm{i}\sin\frac{\pi}{6}\right)^{2\,024}$$

$$=\cos\frac{2\,024\pi}{6}+\mathrm{i}\sin\frac{2\,024\pi}{6}$$

$$=\cos\frac{4\pi}{3}+\mathrm{i}\sin\frac{4\pi}{3}$$

$$=-\frac{1}{2}-\frac{\sqrt{3}}{2}\mathrm{i}.$$

(2) 原式 $=\left[2\left(\frac{1}{2}+\frac{\sqrt{3}}{2}\mathrm{i}\right)\right]^{1\,200}$

$$=2^{1\,200}\left(\cos\frac{\pi}{3}+\mathrm{i}\sin\frac{\pi}{3}\right)^{1\,200}$$

$$=2^{1\,200}\left(\cos\frac{1\,200\pi}{3}+\mathrm{i}\sin\frac{1\,200\pi}{3}\right)$$

$$=2^{1\,200}.$$

备注 棣莫弗定理表明，一个复数的 n 次幂的模等于原复数模的 n 次幂，辐角等于原复数辐角的 n 倍. 特别地，当 n 为整数时，可以运用该公式来简化复数的幂运算.

例 2 用欧拉公式证明下列各式.

(1) $\cos\theta=\frac{1}{2}(\mathrm{e}^{-\mathrm{i}\theta}+\mathrm{e}^{\mathrm{i}\theta})$；

(2) $\sin\theta=\frac{\mathrm{i}}{2}(\mathrm{e}^{-\mathrm{i}\theta}-\mathrm{e}^{\mathrm{i}\theta})$.

证明　(1) 因为

$$e^{i\theta}=\cos\theta+i\sin\theta,$$

$$e^{-i\theta}=\cos(-\theta)+i\sin(-\theta)=\cos\theta-i\sin\theta,$$

所以

$$e^{-i\theta}+e^{i\theta}=2\cos\theta,$$

所以，$\cos\theta=\dfrac{1}{2}(e^{-i\theta}+e^{i\theta})$.

(2) 因为

$$e^{i\theta}=\cos\theta+i\sin\theta,$$

$$e^{-i\theta}=\cos(-\theta)+i\sin(-\theta)=\cos\theta-i\sin\theta,$$

所以

$$e^{-i\theta}-e^{i\theta}=-2i\sin\theta,$$

所以，$\sin\theta=\dfrac{i}{2}(e^{-i\theta}-e^{i\theta})$.

备注　证明时需将复数的指数形式转化为三角形式解决问题.

【课后练习】

1. $2\left(\cos\dfrac{\pi}{2}+i\sin\dfrac{\pi}{2}\right)\div\left(\cos\dfrac{\pi}{3}+i\sin\dfrac{\pi}{3}\right)=$　(　　)

A. $\sqrt{3}+i$　　B. $\sqrt{3}-i$　　C. $-\sqrt{3}+i$　　D. $-\sqrt{3}-i$

2. $2e^{\frac{\pi}{3}i}\cdot e^{-\frac{\pi}{6}i}=$　(　　)

A. $\sqrt{3}+i$　　B. $\sqrt{3}-i$　　C. $-\sqrt{3}+i$　　D. $-\sqrt{3}-i$

3. $\left(\cos\dfrac{\pi}{2}+i\sin\dfrac{\pi}{2}\right)^4=$　(　　)

A. 1　　B. -1　　C. i　　D. $-i$

4. $(1-i)^8=$__________.

5. $e^{\frac{2\pi}{3}i}\div(9e^{\frac{\pi}{2}i})=$__________.

6. 计算:

(1) $2(\cos 10^{\circ}+\mathrm{i}\sin 10^{\circ})\cdot 3(\cos 20^{\circ}+\mathrm{i}\sin 20^{\circ})$;

(2) $[\sqrt{6}(\cos 50^{\circ}+\mathrm{i}\sin 50^{\circ})]\div[\sqrt{2}(\cos 20^{\circ}+\mathrm{i}\sin 20^{\circ})]$.

7. 计算:

(1) $(\cos 5^{\circ}+\mathrm{i}\sin 5^{\circ})^{9}$;　　(2) $(2\mathrm{e}^{\frac{\pi}{5}\mathrm{i}})^{5}$.

8. 将下列复数的三角形式化为代数形式.

(1) $z_1=3\left(\cos\frac{2\pi}{3}+\mathrm{i}\sin\frac{2\pi}{3}\right)$;　　(2) $z_2=5\left[\cos\left(-\frac{\pi}{2}\right)+\mathrm{i}\sin\left(-\frac{\pi}{2}\right)\right]$.

【数学文化】

图 9-18

棣莫弗(图 9-18)是 18 世纪最杰出的数学家之一,他在概率论、复数理论和三角学等领域做出了重大贡献.

在复数理论方面,棣莫弗定理被认为是他最为突出的成就之一.

16 世纪,英国数学家雷科德在一本著作中首次提出了棣莫弗定理的特例,用于计算旋转多边形的面积,这是棣莫弗定理可以追溯到的最早形式,然而,这个发现并没有得到广泛的关注和应用.

数学家沃利斯在《代数学》中进一步研究了棣莫弗定理的特殊情况,并将其应用于复数分析的相关问题. 他的工作为后来的数学家奠定了坚实的基础.

棣莫弗对这个定理进行了更深入的研究和推广,从而使该公式获得了广泛的认可和应用. 他发展了复数乘法和除法的理论,并利用指数和三角函数的关系,将复数幂与模长和辐角联系起来. 棣莫弗的贡献在于将这个公式推广到了普遍形式,使其适用于所有整数幂,并为其提供了更为简洁的证明和应用.

【拓展应用】

若 $a^n=b$, 则称 a 是 b 的 n 次方根. 当 $b=1$ 时,称 a 为 b 的 n 次单位根. 例如,一元二次方程 $z^2=1$ 有两个根,$z_1=-1$,$z_2=1$.

自然地,在复数域中,我们思考 1 的立方根是否还有另外 2 个,与 1 合起来共有三个. 由棣莫弗定理,可以得到这个问题的答案.

棣莫弗定理:

$$z^n=[r(\cos\theta+\mathrm{i}\sin\theta)]^n=r^n(\cos n\theta+\mathrm{i}\sin n\theta).$$

模为 1 的复数 $z=\cos\theta+\mathrm{i}\sin\theta$ 满足 $z^n=1$,

即

$$(\cos\theta+\mathrm{i}\sin\theta)^n=\cos n\theta+\mathrm{i}\sin n\theta=1,$$

故

$$n\theta=360°,\theta=\frac{360°}{n}.$$

可以得出结论:复数域中,1 有 n 个不同的单位根,从几何角度看,它们可以用单位圆内接正 n 边形的顶点来表示,n 边形的第一个顶点为 1,如图 9-19 所示是 $n=3$ 的情况. 所以,一元三次方程 $z^3=1$ 有三个根,在单位圆上间隔 120°取顶点,即 θ 分别为 0°,120°和 240°.

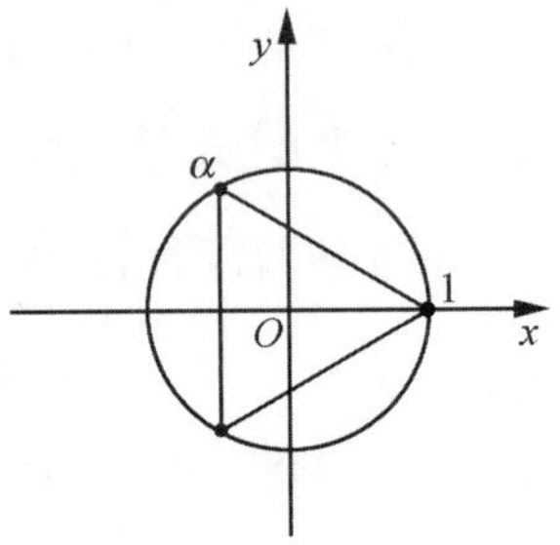

图 9-19

即

$$z_1=\cos 0°+\mathrm{i}\sin 0°=1,$$

$$z_2=\cos 120°+\mathrm{i}\sin 120°=-\frac{1}{2}+\frac{\sqrt{3}}{2}\mathrm{i},$$

$$z_3=\cos 240°+\mathrm{i}\sin 240°=-\frac{1}{2}-\frac{\sqrt{3}}{2}\mathrm{i}.$$

问题 根据以上方法,求 1 的四次方根.(求一元四次方程 $z^4=1$ 的解)

9.5　复数的应用

【学习目标】

1. 了解复数范围内实系数一元二次方程解的情况，会在复数范围内求解一元二次方程.

2. 理解实系数一元二次方程有虚数根时根与系数的关系.

【重点难点】

重点：复数范围内实系数一元二次方程的解法.

难点：当 $\Delta<0$ 时，在复数集中解实系数一元二次方程.

【微课导学】

扫下面的二维码，学习微课“复数范围内解实系数一元二次方程”.

复数范围内解实系数
一元二次方程

【自主学习】

1. 一元二次方程 $x^2-3x+4=0$　　　　（　　）

A. 有两个不相等的实数根　　B. 有一个实数根、一个虚数根

C. 有一对共轭虚根　　D. 有两个相等的实数根

2. 若实系数方程 $x^2+ax+1=0$ 无实数解，则 $|a|=$　　　　（　　）

A. $|a|<2$　　B. $|a|=2$　　C. $|a|>2$　　D. $|a|\neq 2$

3. 方程 $x^2+6x+13=0$ 的一个根是 ( )

A. $-3+2i$ B. $3+2i$

C. $-2+3i$ D. $-2+3i$

4. 设 x_1,x_2 是方程 $3x^2+2x+1=0$ 的两个根，则 $x_1 \cdot x_2$ 一定是 ( )

A. 有理数 B. 无理数

C. 虚数 D. 纯虚数

5. 若 $1-\sqrt{3}i$ 是关于 x 的实系数方程 $x^2-ax+b=0$ 的一个复数根，则此方程的另一个根是__________.

6. 在复数范围内解一元二次方程.

(1) $x^2+5x-6=0$； (2) $x^2+6x+9=0$； (3) $x^2+16=0$.

7. 已知实系数方程 $x^2+bx+c=0$ 的一个根是 $1+2i$，求另一个根，并求 b,c 的值.

【探究任务】

任务一

1545 年，意大利数学家卡尔达诺在他的著作《大术》中讨论了这样的问题：是否可以将 10 分成两部分，使它们的积等于 40?